Dr. Ingrid Fleischmann-Niederbacher

Mineralien

SEHEN UND VERSTEHEN

KOMPASS Naturführer

Die Autorin **Dr. Ingrid Fleischmann-Niederbacher,** gebo
1956, studierte Geologie und Mineralogie an der Universität In
bruck. Sie promovierte mit einer Dissertation über Tonminera
gische Untersuchungen in den Flyschserien des nördlich
Apennins.

Impressum
Ausstattung:
90 Abbildungen
125 Illustrationen

Texte: Dr. Ingrid Fleischmann-Niederbacher, Klosterneuburg
Illustrationen: Heinz Schwanninger, Absam
Gesamtleitung und Redaktion: Reinhard Strohmeier, KOMPASS-Karten Gm

Bildnachweis/Farbfotos:
Titelbild: Malachit - Schwaz/Tirol (Bode)
Innentitel: Tauerngipfel/Habachtal (Bode)
Alle Farbfotos im vorliegenden KOMPASS-Naturführer stammen von Ra
Bode, Haltern, Deutschland.

6063 Rum/Innsbruck · Österreich
Fax 0043 (0)512/265561-8
e-mail: kompass@kompass.at
http://www.kompass.at

6. Auflage 2004

Fotosatz: Raggl Supertype GmbH & Co. KG, Innsbruck
Reproduktionen: Tiroler Repro Druckformen GmbH, Innsbruck
Druck: Printers s. r. l., Trento

Verlagsnummer 1106
ISBN 3-85491-603-5

Liebe Naturfreundin, lieber Naturfreund!

Die Geschichte der Mineralogie ist auf das engste mit der Entwicklung der Menschheit verbunden. Quarz, Obsidian und Flint waren die Rohstoffe der ersten überlieferten menschlichen Werkzeuge und Waffen. Das lebenswichtige Salz und Erzvorkommen machten auch unwegsame, abgeschiedene Regionen zu wirtschaftlichen und gesellschaftlichen Zentren. Aber nicht die Grundstoffe des täglichen Bedarfes, sondern die besonders schönen Minerale und Kristalle erwecken unsere Aufmerksamkeit. Formenvielfalt, Färbung, Glanz, Feuer und Härte machen den Reiz und Wert dieser Bodenschätze im wahrsten Sinn des Wortes aus. Jeder Kristall, jede Stufe ist einzigartig und ein Dokument der Erdgeschichte.

Der Kreis der Mineralienfreunde wächst ständig. Zahlreiche Ausstellungen, Messen und Börsen sowie die Literatur zum Thema Mineralien zeigen das breite Interesse an diesen Schönheiten der Natur.

Der KOMPASS-Naturführer stellt Ihnen eine Auswahl der bekanntesten Mineralien vor, die Sie auch in den Alpen und den umliegenden europäischen Ländern finden können. Die Minerale sind nach den chemischen Kristallklassen in aufsteigender Härte geordnet. In der Beschreibung finden Sie die wichtigsten Mineraleigenschaften und Bestimmungsmerkmale wie Dichte, Härte, Strich, Farbe, Glanz, Kristallsystem und Form. Die gebräuchlichsten Namen und Mineralvarietäten werden erwähnt.

Viele Minerale haben ein weites Spektrum von Merkmalen, ihre Bestimmung ist oft nicht leicht. Manchmal müssen optische und chemische Untersuchungsmethoden angewendet werden. Hier können ausführliche Bestimmungsbücher, sorgfältige Beobachtung und der Rat eines Fachmannes weiterhelfen.

Noch ein Wort zu der Bildausstattung dieses Naturführers. Das Fotografieren von Mineralien gehört mit zu den schwierigsten Herausforderungen eines Fotografen. Rainer Bode ist es gelungen, den besonderen Reiz des Zaubers der Kristallwelt einzufangen.

Viel Freude beim Sammeln und Bestimmen!

Dr. I. Fleischmann-Niederbacher

Wissenswertes über Mineralien

Mineral
Der Begriff Mineral leitet sich vom lateinischen „aes minerale" – Grubenerz, erzhaltiges Gestein – ab. Man versteht darunter chemische Elemente und anorganische, selten organische Verbindungen, die in der Erdkruste vorkommen oder sich bei technischen Prozessen bilden. Es sind stofflich einheitliche Substanzen, die unter atmosphärischen Bedingungen, Quecksilber ausgenommen, feste Konsistenz haben. Die meisten Minerale kommen in kristalliner Form vor.

Kristall
Kristalle sind von ebenen Flächen regelmäßig begrenzte feste Körper. Sie bestehen aus gesetzmäßig angeordneten Atomen und Molekülen. Die Anordnung dieser Bausteine im Kristallgitter bestimmt weitgehend Form, Farbe, Härte, Spaltbarkeit und andere physikalisch-chemische Eigenschaften des Kristalls.

Gestein
Unter Gestein versteht man einheitliche Mineralgemenge einer oder mehrerer Mineralarten, deren räumliche Ausdehnung Meter und je nach Entstehung viele Kilometer betragen kann. Die Summe der Minerale, die das Gestein aufbauen, ihre Struktur und Lage zueinander sind charakteristisch für den Chemismus, die Herkunft und die geologische Geschichte des Gesteins. Das Mineralgemenge eines Gesteins ist bis in den Kleinstbereich verzahnt und verwachsen. Schön ausgebildete Kristallformen, sogenannte idiomorphe Kristalle, können sich nur bei freiem Wachstum in einem Hohlraum oder in nachgiebigem, weichem Material ausbilden.

Edelstein
Welche Eigenschaften machen aus einem Mineral einen Edelstein? Seltenheit, Härte, Farbe oder Farblosigkeit, Klarheit und die Schönheit ihrer Lichtwirkung wie Feuer, Glanz und Farbenspiel sind die herausragendsten Kriterien. Die veredelnde Bearbeitung durch Schleifen und Facettieren erhöht den Wert der Steine um ein Vielfaches. Dabei gehen manche Bestimmungsmerkmale wie z. B. die Kristallform verloren. Im Zweifelsfall können daher Edelsteine nur von Spezialisten auf Grund der optischen Eigenschaften identifiziert werden. Weichere und weniger seltene Minerale mit auffälligen Eigenschaften werden als Schmucksteine verarbeitet.

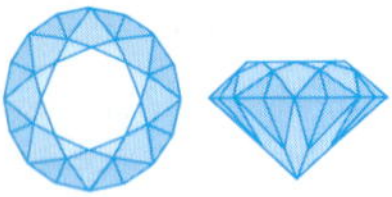

Brillant – Vollschliff

Erz
Minerale und Mineralgemenge, die nutzbare chemische Elemente in wirtschaftlich bedeutenden Mengen enthalten, werden als Erze bezeichnet. Metallisches Aussehen und hohes spezifisches Gewicht sind für diese Minerale charakteristisch. Werden diese nutzbaren Minerale durch geochemische Prozesse in der Erdkruste so stark angereichert, daß sie zur industriellen Nutzung verwendet werden können, spricht man von Lagerstätten.

Mineraleigenschaften

Farbe
Das auffälligste Merkmal der Minerale ist ihre Farbe, deren Ursache sehr verschieden sein kann. Bei durchsichtigen und durchscheinenden Mineralen ist die Farbe das Resultat der Absorption eines Teiles der Wellenlänge

des einfallenden Lichtes. Die durchgelassenen Wellenlängen ergeben die Mineralfarbe. Eigenfärbige Minerale verdanken ihre Farbwirkung der regelmäßigen Einlagerung von färbenden Elementen und Ionen in ihrem Kristallgitter. Gitterfehlstellen, die durch radioaktive Bestrahlung entstehen, erzeugen ebenso Eigenfarben von Mineralen. Dieselbe Wirkung haben auch geringe Urangehalte, die im Gitter eingebaut sind. Durch Ausheilen der Fehlstellen beim Erhitzen auf ca. 500 °C verschwindet die Färbung wieder. Durch teilweisen Einbau färbender Ionen werden Minerale fremdgefärbt. Bei fremdfärbigen Mineralen wird die Farbwirkung durch feinst verteilte Einlagerung von Pigmenten verursacht. Hämatitschüppchen beispielsweise färben rot. Auch regelmäßig im Gitter eingelagerte Mikrokristalle, z. B. Rutilnadeln im Korund, ergeben charakteristische Farbwirkungen. Undurchsichtige, opake Minerale sind in sehr dünnen Schichten meist durchscheinend. In dickeren Schichten absorbieren sie die Wellenlängen des sichtbaren Lichtes zur Gänze. Absorption und Reflexion an der Oberfläche sind für die Farbe dieser Minerale verantwortlich. Anlauffarben, die durch dünne Überzüge von Oxiden und anderen Reaktionsprodukten entstehen, sowie Verwitterungskrusten verfälschen die Farbe.

Färbende Ionen eigenfärbiger Minerale:

Cr^{2+}, Ni^{2+}	grün	Chromit, Annabergit
Cu^{2+}	grün, blau	Malachit, Azurit
Co^{2+}	rot	Kobaltblüte

Färbende Ionen fremdfärbiger Minerale:
Cr^{3+} statt Al^{3+} im Korund rot (Rubin)
Fe^{3+} statt Al^{3+} im Orthoklas rot

Strich

Streicht oder reibt man ein Mineral über eine unglasierte Keramikplatte (Strichtafel), eine Elektrosicherung oder über den unteren Rand einer Kaffeetasse, erhält man dessen Strichfarbe. Dieser Test kann leicht durchgeführt werden. Er ist ein einfaches Unterscheidungsmerkmal, da die Pulverfarbe weit charakteristischer ist als die jeweilige Mineralfarbe, die bei ein und derselben Gruppe äußerst unterschiedlich sein kann. Bei eigenfärbigen Mineralen stimmt der Strich mit der Mineralfarbe überein. Dagegen zeigen fremdfärbige Minerale davon abweichende Strichfarben. Minerale ab der Härte 6 ergeben keinen Strich, sie ritzen lediglich die Strichtafel.

Glanz

Die Beschaffenheit der Oberfläche bestimmt deren Reflexionseigenschaften. Dieser Glanz eines Minerals ist zwar ein subjektives, aber dennoch charakteristisches Kennzeichen. Er wird vergleichend beschrieben, z. B. Glas-, Samt-, Wachs-, Fett-, Harz-, Metall-, Perlmutt- oder Diamantglanz.

Optische Eigenschaften

Das Licht wird beim Durchgang durch unterschiedlich dichte Medien, z. B. Luft – Kristall, gebrochen. Das hohe **Lichtbrechungsvermögen** vieler Edelsteine, wie Korund oder Diamant, wird als Feuer bezeichnet. Die optischen Eigenschaften der kubischen und amorphen Minerale sind nach allen Richtungen hin gleich. Dagegen ist die Wellenausbreitung des Lichtes bei allen anderen Mineralgruppen, bedingt durch die Gitterstruktur, richtungsabhängig. Der schräg auffallende Lichtstrahl wird beim Durchgang durch den Kristall in zwei Strahlen zerlegt. Dieser Effekt kann besonders auffällig bei Kalkspat beobachtet werden. Hier erscheint eine unterlegte Schrift doppelt. Diese Eigenschaft wird als **Doppelbrechung** bezeichnet. Die Bestimmung der optischen Eigenschaften zur Identifizierung und Unterscheidung erfordert Spezialgeräte, wie ein Polarisationsmikroskop. Auch

die Absorption des Lichtes ist, wieder mit Ausnahme der kubischen Minerale, verschieden stark richtungsabhängig. Bei Beryll, Turmalin, Epidot oder Cordierit kann diese Mehrfarbigkeit (**Pleochroismus**) mit freiem Auge festgestellt werden.
Manche Minerale zeigen bei der Bestrahlung mit lang- oder kurzwelligem ultraviolettem Licht charakteristische Leuchterscheinungen, die **Fluoreszenz**. Bekannte UV-Minerale sind Flußspat, Calzit, Zinkblende, Scheelit und verschiedene Uranerze.

Härte

1	Talk
2	Gips
3	Calcit
4	Flußspat
5	Apatit
6	Orthoklas
7	Quarz
8	Topas
9	Korund
10	Diamant

Der Mineraloge Friedrich Mohs (1773–1839), der in Graz, Freiberg und Wien lehrte, führte die Klassifizierung der Minerale nach äußeren Kennzeichen ein und entwickelte 1812 die zehnteilige Härteskala. Sie bezieht sich auf die Ritzhärte. Jeder Härtegrad wird durch ein bekanntes Mineral vertreten. Jedes vorhergehende Mineral wird durch das nächst härtere geritzt. Die Härte kann auch mit modernen Methoden quantifiziert werden. Ein Vergleich mit der Mohsschen Skala zeigt die Unterschiede zwischen den Härtegraden. Setzt man die Härte des Korund gleich 1000, ist der Diamant mit der Vergleichshärte 140.000, 140mal härter.

Spaltbarkeit

Diese Eigenschaft hängt eng mit dem Gitterbau zusammen. Ihre Qualität wird geschätzt, und die Abstufungen der Spaltbarkeit werden beschrieben. Entsprechend der Gitterstruktur können an ein und demselben Mineral wechselnde Spaltbarkeiten in verschiedenen Richtungen auftreten. Der Winkel zwischen Spaltrichtungen kann auch als Unterscheidungsmerkmal von ähnlichen Mineralen wie Augit (87°) und Hornblende (124°) herangezogen werden. Die Nachsilbe „-spat" der Mineralnamen deutet auf gute Spaltbarkeit hin.

Dichte

Eine weitere typische Eigenschaft ist die Dichte. Gediegene Metalle haben Dichten wie z. B. Iridium bis 22 g/cm^3 oder Gold 19 g/cm^3, Erze zwischen 4–8 g/cm^3 und Begleitminerale zwischen 2–4 g/cm^3. Dieser Dichteunterschied ermöglicht auch die Trennung von Erz und Gangart durch Schweretrennung.

Radioaktivität

Der Zerfall radioaktiver Elemente und Isotope (Uran, Thorium, Radium, Kalium 40) im Erdinneren ist der Motor der Eigenwärme der Erde (Geothermie). Diese Elemente, in den Uranerzen oder in den Mineralen feinst verteilt, geben Strahlung ab. Daher müssen starke Strahler, wie die Pechblende, abgeschirmt und sicher verwahrt werden. Im Kristall eingebaut, verursacht der Zerfall von radioaktiven Elementen Fehlstellen im Gitterbau, die den Kristall färben. Ist die Strahlung sehr stark, wird das Gitter zerstört, der Kristall wird amorph. Die Messung der Menge der Zerfallsprodukte bei bekannten Halbwertszeiten ermöglicht die absolute Altersbestimmung von Mineralen.

Kristallform

Der Reiz schöner Kristalle besteht in der Vollendung ihrer Form. Sie spiegelt die regelmäßige Anordnung der Atome im Kristallgitter wider. Je nach den physikalisch-chemischen Eigenschaften und den Bildungsbedingungen gruppieren sich die Elemente in charakteristischen geometrischen Formen. Daher sind die Kristallformen vereinfachte Abbilder der inneren Struktur.
Mineralogisches Wissen gab es schon in der Antike. Ausgehend vom Bergbau wurden im 17. und 18. Jahrhundert die Grundlagen der Mineralogie –

die Beschreibung der Gesetzmäßigkeit der Kristalle – geschaffen. Der Däne Niels Stensen (Nicolaus Steno) entdeckte 1669 bei der Vermessung von Quarzkristallen, daß bei ein und derselben Mineralart die Winkel zwischen den gleichwertigen Flächen immer gleich groß sind. Dies gilt natürlich auch für verzerrte, von der Idealform abweichende Kristalle und ist daher ein wichtiges Unterscheidungsmerkmal. Als Folge des gesetzmäßigen Aufbaues der Kristalle können 7 Kristallsysteme unterschieden werden. Ihre Charakterisierung erfolgt durch ein Achsensystem, das typischen erkennbaren Kanten des Kristalls folgt. Gesetzmäßige Verwachsung der Kristalle führt zur Ausbildung von **Zwillingen**, wie z. B. bei Gips, Feldspäten, Flußspat oder Quarz. Alle Formen und Flächen, die am Kristall auftreten, werden als **Kristalltracht** bezeichnet. Je nach Größenverhältnis der Flächen zueinander, kann die Form einer Mineralart sehr unterschiedlich sein. So z. B. tafelig, prismatisch, säulig oder nadelig. Dieser Formenschatz einer Mineralart wird als deren **Habitus** bezeichnet.

Entstehung von Mineralen

Gesteine und deren Bestandteile, die Minerale, die wir heute in der Erdkruste antreffen, sind in geologischen Zeiträumen immer wieder Veränderungen unterworfen. Dieser Kreislauf beginnt beim Aufstieg glutflüssiger Magmen aus dem Erdmantel und der tiefen Kruste. Er setzt sich über deren Erstarrung, Verwitterung, Sedimentation und Gebirgsbildung fort und kehrt mit der Subduktion (Verschluckung) und Aufschmelzung im Erdinneren an den Ausgangspunkt zurück.

Die **magmatische Bildung** von Mineralen erfolgt durch die Auskristallisation aus den glutflüssigen Schmelzen. Die Magmen dringen entlang von Schwächezonen in die Umgebung ein und erstarren dort zu **Tiefengesteinen (Plutoniten)** und **Ganggesteinen**. Beim Austritt an der Erdoberfläche oder am Meeresboden entstehen vulkanische Gesteine (**Vulkanite**). Bei der Abkühlung kristallisieren Minerale mit hohem Schmelzpunkt zuerst. Dadurch ändert sich fortlaufend die chemische Zusammensetzung der Schmelze. Die leichtflüchtigen wasserreichen Restschmelzen erstarren in Gängen und Klüften. Die so entstandenen **Pegmatite** sind grobkörnige, meist granitische Gesteine mit zentimeter- bis metergroßen Kristallen. Die übrigbleibenden wäßrigen, gasreichen (CO_2) Lösungen sind durch ihren Chlor- und Fluorgehalt besonders reaktionsfreudig. Unter hohem Druck stehend, dringen diese Lösungen in Klüfte ein und reagieren mit dem Nebengestein (**Pneumatolytische Bildung**). Minerale werden dabei umgewandelt und neu gebildet. Bei weiterer Abkühlung kristallisieren aus den wäßrigen, an NaCl, Alkalien und Schwermetallen reichen Lösungen Minerale in Gängen und Hohlräumen aus. Zu diesen **hydrothermalen Bildungen** zählen viele Erzvorkommen. Bei der Aufheizung von Gesteinskomplexen durch Versenkung (**Regionalmetamorphose**) oder Eindringen von Schmelzen (**Kontaktmetamorphose**) kommt es zur Umwandlung und Neusprossung von Mineralen.

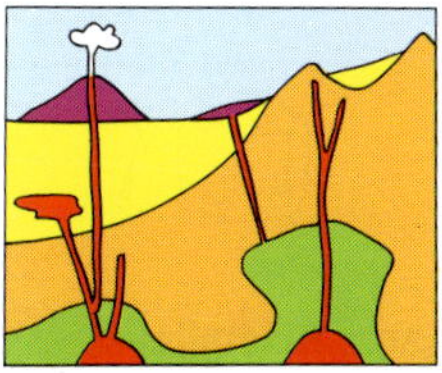

Auch bei niederen Temperaturen kommt es zur chemischen oder biologischen Ausfällung von Mineralen im **sedimentären Bereich**. Durch Eindampfung von Meerwasser entstehen z. B. Salz- und Gipsvorkommen. Bei der Abtragung von Gesteinsmassen durch die Erosion werden widerstandsfähige und schwere Minerale, wie Zirkon, Diamant oder Gold, in Flußschleifen und Brandungszonen der Meeresküsten als **Seifenlagerstätten** angereichert.

Gold – Muszari/Siebenbürgen, Rumänien. Bildbreite 5 cm, Sammlung Universität Münster.

Gold

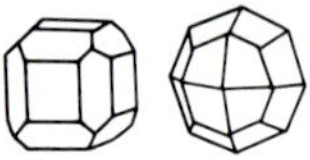

Chemische Formel: Au
Farbe: gold – messinggelb; Metallglanz. **Kristallsystem:** kubisch. **Form:** Oktaeder, Würfel, meist verzerrt, derb, aufgewachsen, draht- und moosförmig, unregelmäßige Klumpen; keine Spaltbarkeit. **Entstehung:** hydrothermal, sekundär in Seifen. **Vorkommen:** in alpinen Gold-, Quarzgängen, als Seifen in Sanden und Konglomeraten, in hydrothermalen Gängen. **Fundorte:** Gastein, Heiligenblut (A), Siebenbürgen (RO).

Dichte: 15,5–19,3 **Härte:** 2,5–3,0

Strichfarbe: goldgelb, metallisch ***Element***

Silber – St. Blasien/Schwarzwald, Deutschland. Bildbreite 1,2 cm, Sammlung Gulich.

Silber

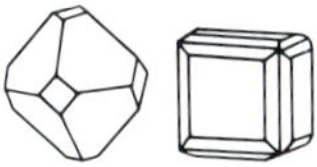

Chemische Formel: Ag
Farbe: silberweiß, gelblich, braun, grau, schwarz angelaufen; Metallglanz. **Kristallsystem:** kubisch. **Form:** würfelig, oktaedrisch, faserig gebogene Aggregate, lockenförmig verschlungen; keine Spaltbarkeit. **Entstehung:** Reduktion von Ag-haltigen Schwefelverbindungen, selten primär hydrothermal. **Vorkommen:** Zementations-, manchmal Oxidationszone von Sulfidlagerstätten. **Fundorte:** in den Alpen selten.

Dichte: 9,6–12,0 **Härte:** 2,5–3,0
Strichfarbe: silberweiß, metallisch ***Element***

Molybdänit – Dalen, Norwegen. Durchmesser 1,4 cm, Sammlung Garmo.

Molybdänglanz

Molybdänit

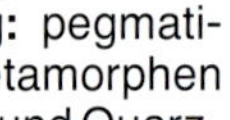

Chemische Formel: MoS_2
Farbe: bleigrau, Stich ins Violette; Metallglanz. **Kristallsystem:** hexagonal. **Form:** meist blättrig, schuppig, selten tafelig; vollkommene Spaltbarkeit. **Entstehung:** pegmatitisch, pneumatolytisch, hydrothermal, in metamorphen Kontaktgesteinen. **Vorkommen:** in Pegmatiten und Quarzgängen. Wichtigstes Molybdänerz! **Fundorte:** Monte Mulat, Trient (I).

Dichte: 4,7–4,8 **Härte:** 1,0–1,5

Strichfarbe: dunkelgrau ***Sulfid***

Antimonit – Wolfsberg/Harz, Deutschland. Kristallhöhe 1,3 cm, Sammlung Naturhistorisches Museum Wien.

Antimonit

Stibnit, Antimonglanz, Grauspießglanz

Chemische Formel: Sb_2S_3
Farbe: bleigrau, undurchsichtig, Metallglanz, bunte Anlauffarben. **Kristallsystem:** orthorhombisch. **Form:** prismatisch, stengelig, feine Faserbündel, derb, dicht; sehr vollkommene Spaltbarkeit. **Entstehung:** hydrothermal, selten durch Metasomatose; **Vorkommen:** auf hydrothermalen Gängen (Antimonit-Quarzgänge). Wichtigstes Antimonerz! **Fundorte:** Schlaining (A), Como (I).

Dichte: 4,6–4,7 **Härte:** 2,0

Strichfarbe: dunkelgrau ***Sulfid***

Bleiglanz – l. o. Freiberg/Sachsen (D); r. o. Meggen/Sauerland (D); l. u. Neudorf/Harz (D); r. u. Neudorf/Harz (D).

Bleiglanz

Galenit

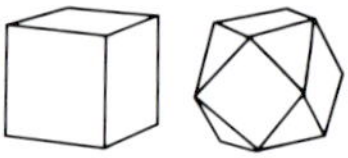

Chemische Formel: PbS
Farbe: bleigrau, matt; Metallglanz. **Kristallsystem:** kubisch. **Form:** würfelig, Oktaeder, auch Kombination von Würfel und Oktaeder, dicht, derb; vollkommene Spaltbarkeit. **Entstehung:** hydrothermal, auch sedimentär (Karst), metamorph. **Vorkommen:** in Pegmatiten, hydrothermalen Gängen, sedimentären Sulfidlagerstätten. Wichtigstes Bleierz, oft bis 1 % silberhaltig. **Fundorte:** Bleiberg (A), Trepča (YU).

Dichte: 7,2–7,6 **Härte:** 2,5–3,0

Strichfarbe: grauschwarz ***Sulfid***

Baryt – Ramsbeck/Sauerland, Deutschland. Kristallhöhe 1,5 cm, Sammlung Henkel.

Baryt

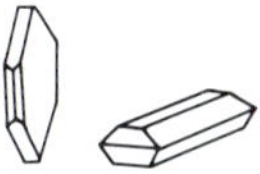

Schwerspat

Chemische Formel: $Ba[SO_4]$
Farbe: farblos, trüb, weißgelb, rötlich, blau; Perlmuttglanz. **Kristallsystem:** orthorhombisch. **Form:** tafelig, prismatisch, auch dicht spätig, erdig; eines der flächenreichsten Minerale; vollkommene Spaltbarkeit. **Entstehung:** hydrothermal, sedimentär. **Vorkommen:** auf hydrothermalen Erzgängen, in Klüften, Konkretionen. Wichtigstes Bariummineral, hohe Dichte! **Fundorte:** Bleiberg, Kärnten (A).

Dichte: 4,48 **Härte:** 3,0–3,5

Strichfarbe: weiß ***Sulfid***

Zinkblende – „Siziliaschacht" Meggen, Deutschland. Breite 1,3 cm, Sammlung Gölker.

Zinkblende

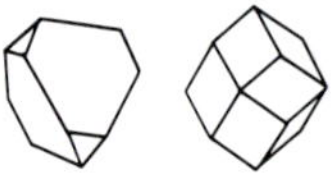

Sphalerit

Chemische Formel: ZnS
Farbe: gelb, braun, rot, dunkelgrün-schwarz; fast Diamantglanz. **UV:** orange. **Kristallsystem:** kubisch. **Form:** tetraedrisch, rhombendodekaedrisch, dicht, schalige Krusten (Schalenblende); vollkommene Spaltbarkeit. **Entstehung:** magmatisch, pegmatitisch, pneumatolytisch, hydrothermal. **Vorkommen:** Blei-, Zinklagerstätten, auf alpinen Klüften. Wichtigstes Zinkerz! **Fundorte:** Bleiberg (A), Raibl (I).

Dichte: 3,9–4,2 **Härte:** 3,5–4,0

Strichfarbe: weiß-hellbraun ***Sulfid***

Fahlerz — Horhausen/Westerwald, Deutschland. Kristallänge 1,1 cm, Sammlung Runkel.

Fahlerz

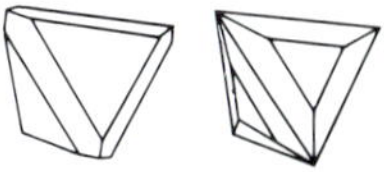

Tennantit, Tetraedrit

Chemische Formel: $(CuFe)_{12}(SbAs)_4S_{13}$
Farbe: stahlgrau, eisenschwarz; Metallglanz. **Kristallsystem:** kubisch. **Form:** tetraedrisch, körnig; fehlende Spaltbarkeit. **Entstehung:** hydrothermal. **Vorkommen:** in hydrothermalen Gängen, vergesellschaftet mit Sulfiden, Karbonaten, Baryt und Quarz. Wechselnde Gehalte von Cu, Fe, Sb, As, Zn, Ag, Hg (Schwazit) und anderen Metallen. Selten in Pegmatiten. **Fundorte:** Schwaz (A), Trentino (I).

Dichte: 4,6—5,2 **Härte:** 3,5—4,5

Strichfarbe: schwarz ***Sulfid***

Kupferkies – Horhausen/Westerwald, Deutschland. Bildbreite 3,5 cm, Sammlung Lück.

Kupferkies

Chalkopyrit

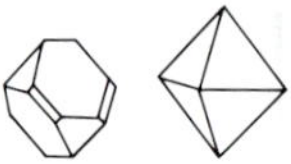

Chemische Formel: $CuFeS_2$
Farbe: goldgelb, messinggelb nach grünlich, bunte Anlauffarben, oxidiert schwarz; Metallglanz. **Kristallsystem:** tetragonal. **Form:** tetraederähnliche Formen, häufig Zwillinge, dicht, derb; schlechte Spaltbarkeit. **Entstehung:** hydrothermal, kontaktmetamorph, in Seifen. **Vorkommen:** in hydrothermalen Gängen, auf Erzlagerstätten. Wichtigstes Kupfererz! **Fundorte:** St. Valentin (I), Hochkönig (A).

Dichte: 4,2–4,3 **Härte:** 3,5–4,0

Strichfarbe: grünlichschwarz ***Sulfid***

Pyrrhotin – Peine/Niedersachsen, Deutschland. Länge des Kristallaggregats 1,5 cm, Sammlung Bode.

Magnetkies

Pyrrhotin

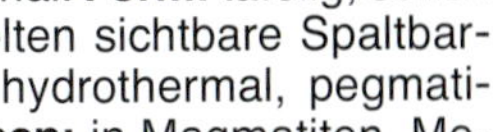

Chemische Formel: FeS
Farbe: bronzefarben, tombakbraun, braun anlaufend; Metallglanz. **Kristallsystem:** hexagonal. **Form:** tafelig, selten prismatisch, fast immer derb; selten sichtbare Spaltbarkeit. **Entstehung:** magmatisch, hydrothermal, pegmatitisch-pneumatolytisch. **Vorkommen:** in Magmatiten, Metamorphiten, Pegmatiten, hydrothermalen Gängen, in fast allen Meteoriten. Magnetisch! **Fundorte:** Erzberg (A), Schneeberg (I).

Dichte: 4,6 **Härte:** 4,0

Strichfarbe: grauschwarz ***Sulfid***

Arsenkies – Freiberg/Sachsen, Deutschland. Kristallhöhe 1,6 cm, Sammlung Universität Bonn.

Arsenkies

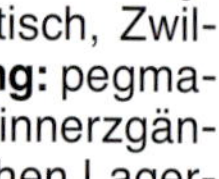

Arsenopyrit

Chemische Formel: FeAsS
Farbe: zinnweiß bis stahlgrau; Metallglanz. **Kristallsystem:** monoklin. **Form:** kurz- länglich prismatisch, Zwillingsbildung; deutliche Spaltbarkeit. **Entstehung:** pegmatitisch – pneumatolytisch. **Vorkommen:** in Zinnerzgängen, in hydrothermalen Gängen, in metamorphen Lagerstätten. Riecht beim Anschlagen nach Knoblauch (Arsen) und schlägt Funken. **Fundorte:** Mitterberg, Böckstein (A), Hospental (CH).

Dichte: 5,9–6,2 **Härte:** 5,5–6,0
Strichfarbe: schwarz ***Sulfid***

Pyrit — St.-Gotthard-Tunnel, Schweiz. Kristallhöhe 1,2 cm, Sammlung Desax.

Pyrit

Schwefelkies

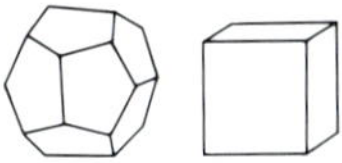

Chemische Formel: FeS_2
Farbe: hellmessingfarben; Metallglanz. **Kristallsystem:** kubisch. **Form:** würfelig, mit gestreiften Flächen, mehr als 600 Kristallformen; undeutliche Spaltbarkeit. **Entstehung:** magmatisch, metamorph, sedimentär. **Vorkommen:** sehr verbreitet, in Magmatiten, hydrothermalen Gängen. Henkel (1725) bezeichnet das Mineral als „Hans Dampf in allen Gassen“. **Fundorte:** Alpen, Trepča (YU).

Dichte: 5,0—5,2 **Härte:** 6,0—6,5

Strichfarbe: grünlichschwarz ***Sulfid***

Markasit — Adorf, Deutschland. Bildbreite 0,8 cm, Sammlung Bode.

Markasit

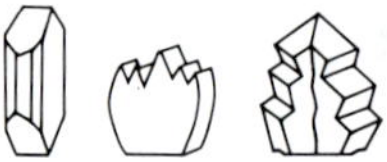

Speerkies, Kammkies

Chemische Formel: FeS_2
Farbe: messinggelb, Stich ins Grüne; Metallglanz. **Kristallsystem:** orthorhombisch. **Form:** tafelig, prismatisch, kammartig verzwillingt; schlechte Spaltbarkeit. **Entstehung:** hydrothermal, sedimentär in reduzierendem Milieu. **Vorkommen:** hydrothermale Gänge, in Magnetkiesvorkommen, in Konkretionen. Instabiles Mineral, zerfällt, schädliche Beimengung in Bau- und Dekorsteinen. **Fundorte:** Pössnitztal (A).

Dichte: 4,8—4,9 **Härte:** 6,0—6,5

Strichfarbe: grünlichschwarz ***Sulfid***

Steinsalz – Schacht Konrad/Salzgitter, Deutschland. Kristallhöhe 4 cm, Sammlung Bode.

Steinsalz

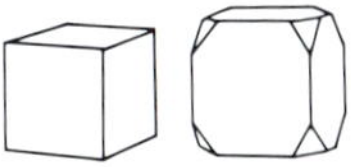

Halit

Chemische Formel: NaCl
Farbe: farblos, rot, gelb, grün, blau, grau; Glasglanz. **UV:** rot. **Kristallsystem:** kubisch. **Form:** würfelig, derb; Kanten und Oberfläche oft angelaugt, wasserlöslich; vollkommene Spaltbarkeit. **Entstehung:** Eindampfung von Meerwasser, Auslaugung des Bodens in trockenen Gebieten. **Vorkommen:** in Salzlagerstätten, gesteinsbildend. **Fundorte:** Salzkammergut (A), Berchtesgaden, Reichenhall (D).

Dichte: 2,1–2,2 **Härte:** 2,0

Strichfarbe: weiß ***Halogenid***

Fluorit – l. o. Rottleberode/Harz (D); r. o. Habachtal/Pinzgau (A); l. u. Galenstock (CH); r. u. Unterlaussa/Pinzgau (A).

Flußspat

Fluorit

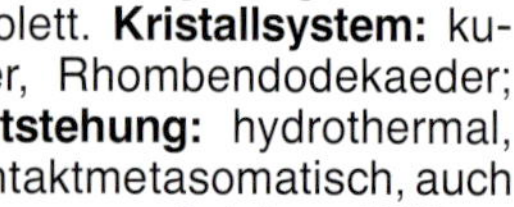

Chemische Formel: CaF_2
Farbe: farblos, weiß, rosa, gelb, braun, grün, grau, blau, violett; Glasglanz. **UV:** stark violett. **Kristallsystem:** kubisch. **Form:** Würfel, Oktaeder, Rhombendodekaeder; vollkommene Spaltbarkeit. **Entstehung:** hydrothermal, aus vulkanischen Lösungen, kontaktmetasomatisch, auch sedimentär. **Vorkommen:** in Gängen, auf alpinen Klüften, in Drusen. **Fundorte:** Krimml (A), St. Gotthard (CH), Bergamo (I).

Dichte: 3,1–3,2 **Härte:** 4,0

Strichfarbe: weiß ***Halogenid***

Pechblende – Schlema – Hartenstein/Sachsen, Deutschland. Bildbreite 6,5 cm, Sammlung Bergakademie Freiberg.

Pechblende

Uranpecherz, Uraninit

Chemische Formel: UO_2 **Stark radioaktiv!**
Farbe: schwarz, schwarz-grünlich; Fettglanz. **UV:** gelb. **Kristallsystem:** kubisch. **Form:** würfelig, meist körnig, derb; kaum sichtbare Spaltbarkeit. **Entstehung:** pegmatitisch, hydrothermal, auch kontaktmetasomatisch, Ausfällungen im Grundwasser, an organische Substanz gebunden. **Vorkommen:** Pegmatite, hydrothermale Gänge, in Sandsteinen und Konglomeraten, Seifen. **Fundorte:** Adamello (I), Forstau (A).

Dichte: 10,6 **Härte:** 4,0–6,0

Strichfarbe: schwarz ***Oxid***

Goethit – Lanlivery/Cornwall, England. Kristallhöhe 1 cm, Sammlung Truro Royal Institution of Cornwall.

Goethit

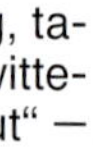

Limonit, Nadeleisenerz

Chemische Formel: FeO(OH)
Farbe: braun, schwarzbraun, lichtgelb; Metallglanz. **Kristallsystem:** orthorhombisch. **Form:** nadelig, strahlig, tafelig; vollkommene Spaltbarkeit. **Entstehung:** Verwitterung von Eisenmineralien. **Vorkommen:** „Eisener Hut“ – Oxidationszone von Eisenerzlagerstätten, Ausfällungen von eisenhaltigen Wässern (Sumpf- und Raseneisenerz). Wichtiges Eisenerz. Name zu Ehren Goethes. **Fundorte:** Hüttenberg (A).

Dichte: 4,3 **Härte:** 5,0–5,5

Strichfarbe: braun-braungelb ***Oxid***

Brookit – Schweiz. Kristallhöhe 2,5 cm, Sammlung Naturhistorisches Museum Basel.

Brookit

Arkansit

Chemische Formel: TiO_2
Farbe: braun, gelblich-braun, rotbraun, schwarz (Arkansit); Diamantglanz. **Kristallsystem:** orthorhombisch. **Form:** dünntafelig, blättrig, Pseudomorphosen nach Titanit; undeutliche Spaltbarkeit. **Entstehung:** hydrothermal. **Vorkommen:** in alpinen Gängen, Klüften, akzessorisches Mineral in Gneisen, Glimmerschiefern und Vulkaniten. **Fundorte:** Virgental, Untersulzbachtal (A), Graubünden, Uri (CH).

Dichte: 4,1 **Härte:** 5,5–6,0

Strichfarbe: hellbräunlich-weiß ***Oxid***

Magnetit – Stubachtal/Kärnten, Österreich. Durchmesser 1,4 cm, Sammlung Hadlauer.

Magnetit

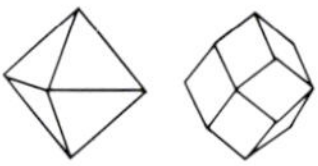

Magneteisenerz

Chemische Formel: $FeFe_2O_4$
Farbe: eisenschwarz; Metallglanz. **Kristallsystem:** kubisch. **Form:** vollkommen ausgebildete Oktaeder, dicht, körnig; kaum erkennbare Spaltbarkeit. **Entstehung:** magmatisch, regional- und kontaktmetamorph, selten sedimentär. **Vorkommen:** in Magmatiten, metamorphen Lagerstätten, alpinen Klüften, hydrothermalen Gängen. Magnetisch, wichtigstes Eisenerz! **Fundorte:** Binntal (CH), Zillertal (A), Piemont (I).

Dichte: 5,2 **Härte:** 5,5–6,0

Strichfarbe: schwarz ***Oxid***

Hämatit – Bad Lauterberg/Harz, Deutschland. Bildbreite 2,8 cm, Sammlung Gebhard.

Hämatit

Roter Glaskopf, Roteisenerz,
Eisenglanz, Blutstein

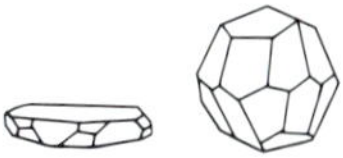

Chemische Formel: Fe_2O_3
Farbe: rot, metallisch grau, oft bunt angelaufen; Metallglanz. **Kristallsystem:** trigonal. **Form:** derb, dünne Blättchen; keine Spaltbarkeit. **Entstehung:** magmatisch, vulkanisch, pegmatitisch, hydrothermal, sedimentär. **Vorkommen:** mikroskopisch in allen Magmatiten, in kristallinen Schiefern, hydrothermalen Gängen, alpinen Klüften. Wichtiges Eisenerz! **Fundorte:** St. Gotthard, Binntal (CH), Rauris (A).

Dichte: 5,2–5,3 **Härte:** 5,5–6,5

Strichfarbe: kirschrot ***Oxid***

Anatas – Valdres, Norwegen. Kristallhöhe 1,8 cm, Sammlung Norwegisches Bergwerksmuseum Kongsberg.

Anatas

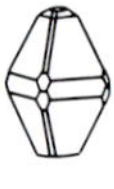

Chemische Formel: TiO_2
Farbe: blauschwarz, braun, hellgelb, rot, selten farblos; Metall – Diamantglanz. **Kristallsystem:** tetragonal. **Form:** spitze Doppelpyramiden, tafelig; Spaltbarkeit meist nicht sichtbar. **Entstehung:** hydrothermal, durch Lösung von titanhältigen Mineralen und erneute Ausfällung. **Vorkommen:** in alpinen Klüften, in Flußseifen. **Fundorte:** Val Tavetsch, St. Gotthard (CH), Zillertal, Rauris (A), Veltlin (I).

Dichte: 3,8–3,9 **Härte:** 5,5–6,0
Strichfarbe: weiß ***Oxid***

Rutil – Anlauftal, Österreich. Bildbreite 3,8 cm, Sammlung Dr. Wernsberger.

Rutil

Sagenit

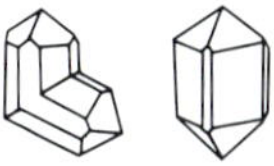

Chemische Formel: TiO_2
Farbe: gelblichbraun, braunrot, rot, schwarz; Diamant – Metallglanz. **Kristallsystem:** tetragonal. **Form:** prismatisch, feinste Nadeln; vollkommene Spaltbarkeit. **Entstehung:** magmatisch, metamorph, pegmatitisch, hydrothermal. **Vorkommen:** in Pegmatiten, alpinen Klüften, Quarzgängen, in Metamorphiten, Seifen. Wichtiges Titanerz! **Fundorte:** Ahrntal (I), Rauris (A), Binntal, St. Gotthard (CH).

Dichte: 4,2–4,3 **Härte:** 6,0

Strichfarbe: gelblichbraun ***Oxid***

Achat — St. Egidien/Sachsen, Deutschland. Durchmesser 7 cm, Sammlung Haake.

Achat

Chemische Formel: SiO_2
Farbe: grau, weiß, schwarz, braun, gelb, rot, bunt; schalenartig konzentrisch gefärbt; Fettglanz. **Kristallsystem:** amorph, kryptokristallin, mikroskopische Kriställchen trigonal. **Form:** körnig, dicht; faserig, fehlende Spaltbarkeit. **Entstehung:** aus SiO_2-haltigen Lösungen. **Vorkommen:** in Hohlräumen von SiO_2-armen Vulkaniten, in Verwitterungsböden, Geoden und Konkretionen. **Fundorte:** Fassatal (I).

Dichte: 2,65 **Härte:** 6,5—7,0
Strichfarbe: weiß ***Oxid***

Quarz – l. o. Bergkristall, Habachtal/Pinzgau (A); r. o. Rauchquarz, Ginfstöckli/Graubünden (CH); l. u. Bergkristall mit Rutil, Disentis (CH); r. u. Bergkristall, Koralpe/Kärnten (A).

Quarz

Bergkristall, Rauchquarz, Amethyst

Chemische Formel: SiO_2
Farbe: farblos, rauchig-braun, violett, rosa; Glas- bis Fettglanz. **Kristallsystem:** trigonal, bei Bildung über 573 °C hexagonal. **Form:** 6seitig prismatisch; schwache Spaltbarkeit. **Entstehung:** kristallisiert aus Schmelzen, metamorph, hydrothermal. **Vorkommen:** gesteinsbildend, auf Klüften, in Drusen, neugesproßt in Sedimenten. **Fundorte:** Tauern (A), Val Malenco (I), St. Gotthard (CH), Trepča (YU).

Dichte: 2,65 **Härte:** 7,0

Strichfarbe: weiß ***Oxid***

Korund — Sukkertoppen/Grönland, Dänemark. Breite des Kristalls 2 cm, Sammlung Kopenhagen.

Korund

Rubin, Saphir

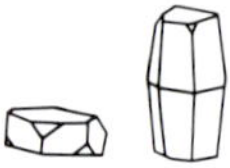

Chemische Formel: Al_2O_3
Farbe: bunt, blau (Saphir), rot (Rubin), gelb, grün, braun, violett, farblos; Glasglanz. **Kristallsystem:** trigonal. **Form:** prismatisch, tafelig, oft tonnenförmig; schlechte Spaltbarkeit. **Entstehung:** aus Eruptivgesteinen mit wenig SiO_2-Gehalt, in Metamorphiten. **Vorkommen:** in Pegmatiten, Vulkaniten, Amphiboliten, Marmoren, Gneisen, sedimentär in Seifen. **Fundorte:** Campolungo, Tessin (CH).

Dichte: 3,9—4,1 **Härte:** 9,0

Strichfarbe: weiß ***Oxid***

Calcit – St. Blasien/Schwarzwald (D); r. o. Frizington (GB); l. u. Ramsbeck/Sauerland (D); r. u. Schwaz/Tirol (A).

Calcit

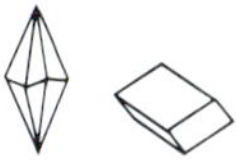

Kalkspat

Chemische Formel: $CaCO_3$, braust mit verdünnter HCl. **Farbe:** farblos, weiß, gelb, braun, vielfältig gefärbt; Glasglanz. **UV:** färbig. **Kristallsystem:** trigonal. **Form:** rhomboedrisch, skalenoedrisch oder prismatisch, häufig Zwillinge, über 600 Kristallformen; sehr vollkommene Spaltbarkeit. **Entstehung:** sedimentär durch chemische oder biogene Fällung, selten hydrothermal. **Vorkommen:** gesteinsbildend, in hydrothermalen Gängen. **Fundorte:** weit verbreitet.

Dichte: 2,6–2,8 **Härte:** 3,0

Strichfarbe: weiß ***Karbonat***

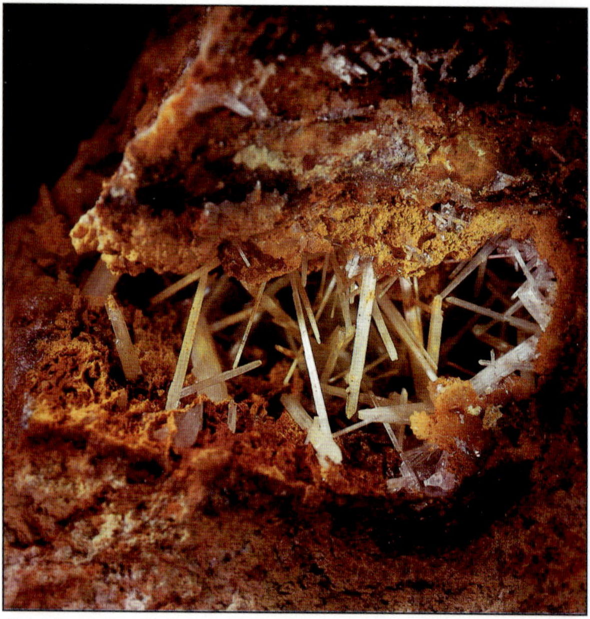

Cerussit – Freiburg/Schwarzwald, Deutschland. Drusenbreite 2 cm, Sammlung Konrad.

Cerussit

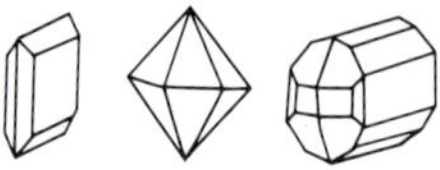

Weißbleierz

Chemische Formel: $PbCO_3$
Farbe: farblos, weiß, grau, gelb, braun, schwarz durch Einlagerungen von Bleiglanz; Fett- bis Diamantglanz, **UV:** blaugrün. **Kristallsystem:** orthorhombisch. **Form:** flächenreich, prismatisch, tafelig, stengelig, selten erdig, häufig Zwillinge; schlecht erkennbare Spaltbarkeit. **Entstehung:** Verwitterung von Bleiglanz. **Vorkommen:** in der Oxidationszone von Bleilagerstätten, Bleierz. **Fundorte:** Bleiberg (A).

Dichte: 6,4–6,6

Strichfarbe: weiß

Härte: 3,0–3,5

Karbonat

Aragonit – l. o. Brohltal/Eifel (D); r. o. Schwaz/Tirol (A); l. u. Brohltal/Eifel (D); r. u. Terlan/Südtirol (I).

Aragonit

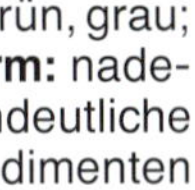

Chemische Formel: $Ca[CO_3]$, braust mit verdünnter HCl. **Farbe:** farblos, weiß, weingelb, rötlich, bläulich, grün, grau; Glasglanz. **Kristallsystem:** orthorhombisch. **Form:** nadelig, strahlig, korallenförmig (Eisenblüte); undeutliche Spaltbarkeit. **Entstehung:** hydrothermal, in Sedimenten und heißen Quellen. **Vorkommen:** Oxidationszone von Erzlagerstätten, in Hohlräumen von Vulkaniten, Quellsinter. **Fundorte:** Erzberg, Hüttenberg, Leogang (A), Val Malenco (I).

Dichte: 2,95 **Härte:** 3,5–4,0

Strichfarbe: weiß ***Karbonat***

Dolomit – Werlau, St. Goar/Rhein, Deutschland. Breite der Stufe 5 cm, Sammlung Runkel.

Dolomit

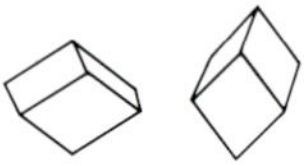

Chemische Formel: $CaMg[CO_3]_2$, Pulver braust mit HCl. **Farbe:** farblos, weißlich, durch Verunreinigungen gefärbt; Glasglanz. **UV:** starke Fluoreszenz. **Kristallsystem:** trigonal. **Form:** rhomboedrisch, zuckerkörnig dicht; vollkommene Spaltbarkeit. **Entstehung:** hydrothermal, metasomatische Verdrängung von Calzit, Umwandlung ultrafemischer Gesteine. **Vorkommen:** gesteinsbildend, in Erzgängen und auf Klüften. **Fundorte:** Trepča (YU), Oberndorf a. d. Laming (A).

Dichte: 2,85–2,95 **Härte:** 3,5–4,0

Strichfarbe: weiß ***Karbonat***

Azurit — Alghero/Sardinien, Italien. Kristallhöhe 1,8 cm, Sammlung Museum National d'Histoire Naturelle Paris.

Azurit

Kupferlasur

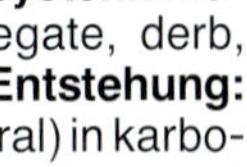

Chemische Formel: $Cu_3[OH/CO_3]_2$, braust mit HCl. **Farbe:** tiefblau, lasurblau; Glasglanz. **Kristallsystem:** monoklin. **Form:** säulig, tafelig, kugelige Aggregate, derb, strahlig, erdig; vollkommene Spaltbarkeit. **Entstehung:** Verwitterung von Kupfersulfid (Sekundärmineral) in karbonatischer Umgebung. **Vorkommen:** Oxidationszone von Kupfererzen, häufige Umwandlung von Azurit in Malachit. **Fundorte:** Brixlegg, Schwaz, Leogang (A).

Dichte: 3,7—3,9 **Härte:** 3,5—4,0

Strichfarbe: blau ***Karbonat***

Malachit – Schwaz/Tirol, Österreich. Durchmesser 1,6 cm, Sammlung Naturhistorisches Museum Wien.

Malachit

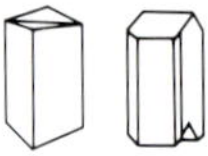

Chemische Formel: $Cu_2[(OH)_2/CO_3]$, braust mit HCl. **Farbe:** smaragdgrün; Glasglanz. **Kristallsystem:** monoklin. **Form:** nadelig, strahlig, faserig, meist derb; gute bis nicht sichtbare Spaltbarkeit. **Entstehung:** Oxidation von Kupferlagerstätten. **Vorkommen:** Oxidationsmineral auf Kupferlagerstätten, oft mit Azurit, Leitmineral für Oxidationszone. **Fundorte:** Kupferlagerstätten, Hüttenberg (A).

Dichte: 4,0 **Härte:** 3,5–4,0

Strichfarbe: grün ***Karbonat***

Strontianit – Ascheberg/Münsterland, Deutschland. Bildbreite 5 cm, Sammlung Bode.

Strontianit

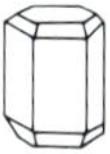

Chemische Formel: $Sr[CO_3]$, braust mit HCl. **Farbe:** farblos, weiß, gräulich, gelblich, grünlich; Glasglanz, Bruchflächen fettig. **UV:** blau. **Kristallsystem:** orthorhombisch. **Form:** nadelig, spießig, muschelig verwachsen; deutliche Spaltbarkeit. **Entstehung:** hydrothermal, Auslaugung des Nebengesteins. **Vorkommen:** hydrothermale Gänge, Kluftfüllung in Kalken, auf alpinen Klüften. Wichtiges Strontiumerz! **Fundorte:** Oberndorf a. d. Laming, Leogang (A).

Dichte: 3,7 **Härte:** 3,5

Strichfarbe: weiß ***Karbonat***

Rhodochrosit – Herford, Deutschland. Kristallänge max. 0,6 cm, Sammlung Runkel.

Rhodochrosit

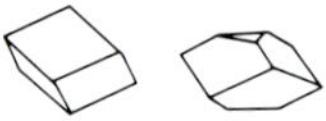

Manganspat, Himbeerspat

Chemische Formel: $Mn[CO_3]$
Farbe: rosa-hellrot; Glasglanz. **Kristallsystem:** trigonal. **Form:** rhomboedrisch, skalenoedrisch, auch dicht – krustig; vollkommene Spaltbarkeit. **Entstehung:** hydrothermal, sedimentär. **Vorkommen:** Gangmineral in Erzadern, hydrothermalen Gängen, gelegentlich Oxidationszone von Mn-haltigen Sideritlagerstätten, lagig in Sedimenten. Wichtiges Manganerz. **Fundorte:** Val Malenco, Aostatal (I), Trepča (YU).

Dichte: 3,3–3,6
Härte: 4,0
Strichfarbe: weiß
Karbonat

Siderit – Salchendorf/Siegerland, Deutschland. Höhe der Stufe 4 cm, Sammlung Runkel.

Siderit

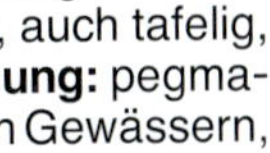

Eisenspat

Chemische Formel: Fe[CO_3], braust mit heißer HCl. **Farbe:** gelbweiß, gelbbraun-dunkelbraun; Glasglanz. **Kristallsystem:** trigonal. **Form:** rhomboedrisch, auch tafelig, oft derb; vollkommene Spaltbarkeit. **Entstehung:** pegmatitisch, hydrothermal, sedimentär in O_2-armen Gewässern, vergesellschaftet mit Tonen und Kohlen. **Vorkommen:** hydrothermal, kontaktmetasomatisch, in kalkigtonigen Sedimenten. Wichtiges Eisenerz! **Fundorte:** Erzberg, Hüttenberg (A).

Dichte: 3,7–3,9 **Härte:** 4,0–4,5

Strichfarbe: weißlich ***Karbonat***

Gips – Eisleben/Sachsen-Anhalt, Deutschland. Kristallhöhe 3 cm, Sammlung Estrov.

Gips

Selenit

Chemische Formel: $Ca[SO_4] \cdot 2H_2O$, in HCl löslich. **Farbe:** farblos, weiß, gelb, grau, braun; Perlmuttglanz. **UV:** grün. **Kristallsystem:** monoklin. **Form:** prismatisch, stengelig, tafelig, Schwalbenschwanzzwillinge; sehr vollkommene Spaltbarkeit. **Entstehung:** Fällung aus wäßrigen Lösungen (Eindampfung), Wasseraufnahme von Anhydrit, Verwitterung schwefelhaltiger Minerale. **Vorkommen:** gesteinsbildend, Oxidationszone, Salzlagerstätten. **Fundorte:** Hall in Tirol (A).

Dichte: 2,3–2,4 **Härte:** 1,5–2,0

Strichfarbe: weiß ***Sulfat***

Anhydrit – Simplon-Tunnel, Schweiz. Kristallhöhe 2,3 cm, Sammlung Bally-Museum, Schönenwerd, Schweiz.

Anhydrit

Chemische Formel: $Ca[SO_4]$
Farbe: farblos, trübweiß, gelblich, rosa, bläulich-violett, grau; Glasglanz. **UV:** rötlich. **Kristallsystem:** orthorhombisch. **Form:** prismatisch, tafelig, dichtkörnig, faserig; vollkommene Spaltbarkeit. **Entstehung:** Eindampfung von salzreichem Meerwasser, hydrothermal. **Vorkommen:** in Salzlagerstätten, Sedimenten, hydrothermalen Gängen, alpinen Klüften, als Gestein. **Fundorte:** Bleiberg (A), Berchtesgaden (D).

Dichte: 2,9–3,0 **Härte:** 3,0–3,5

Strichfarbe: weiß ***Sulfat***

Coelestin – Salzgitter – Bleckenstedt, Deutschland. Breite 2,5 cm, Sammlung Bode.

Coelestin

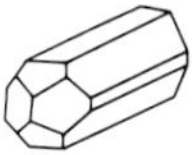

Chemische Formel: $Sr[\dot{S}O_4]$
Farbe: farblos, weiß, grau, gelblich, blau, rötlich, grün; Glas- bis Perlmuttglanz. **Kristallsystem:** orthorhombisch. **Form:** prismatisch, tafelig, strahlig, körnig, spätig; vollkommene Spaltbarkeit. **Entstehung:** hydrothermal, Fällung im Meerwasser, Umlagerung von Sr-Gehalten in Kalken. **Vorkommen:** in Gängen, Hohlräumen von Vulkaniten. Wichtigstes Strontiumerz! **Fundorte:** Leogang (A), Lenggries (D).

Dichte: 3,9–4,0 **Härte:** 3,0–3,5

Strichfarbe: weiß ***Sulfat***

Wulfenit – Bleiberg/Kärnten, Österreich. Durchmesser des Kristalls 1,5 cm, Sammlung Naturhistorisches Museum Wien.

Wulfenit

Gelbbleierz

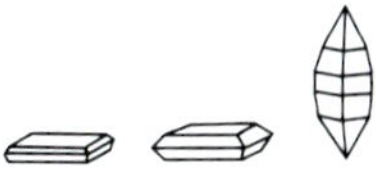

Chemische Formel: $Pb[MoO_4]$
Farbe: gelb-orangerot, braun; Diamant- bis Harzglanz. **Kristallsystem:** tetragonal. **Form:** dünntafelig, pyramidal, kurzsäulig; schwache bis deutliche Spaltbarkeit. **Entstehung:** Verwitterung von Bleimineralen (Bleiglanz) unter Einfluß von molybdänhaltigen Lösungen. **Vorkommen:** Oxidationszone von Bleilagerstätten. Wichtiges Molybdänerz! **Fundorte:** Bleiberg (A), Raibl (I), Höllental – Garmisch (D).

Dichte: 6,7–6,9 **Härte:** 3,0

Strichfarbe: weiß – schwach gefärbt ***Molybdat***

Scheelit – Traversella, Italien. Länge 1,8 cm, Sammlung Naturhistorisches Museum Genf, Schweiz.

Scheelit

Tungstein

Chemische Formel: $Ca[WO_4]$
Farbe: farblos, weiß, grau, hellgelb, weiß-bräunlich, vielfärbig; Fettglanz. **UV:** bläulich, gelblich. **Kristallsystem:** tetragonal. **Form:** Doppelpyramiden; deutliche Spaltbarkeit. **Entstehung:** pegmatitisch-pneumatolytisch, kontaktmetasomatisch, hydrothermal. **Vorkommen:** in Pegmatiten, Gängen, alpinen Klüften, Metamorphiten. Wichtiges Wolframerz! **Fundorte:** Felbertal-Tauern (A), Kammegg-Guttannen (CH).

Dichte: 5,9–6,1 **Härte:** 4,5–5,0

Strichfarbe: weiß ***Wolframat***

Vivianit – Heuchelheim, Deutschland. Kristallhöhe 0,6 cm, Sammlung Dietrich.

Vivianit

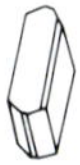

Blaueisenerz

Chemische Formel: $Fe_3[PO_4]_2 \cdot 8H_2O$
Farbe: blau, grün – schwarz; Perlmutt- bis Glasglanz. **Kristallsystem:** monoklin. **Form:** prismatisch bis tafelig, kugelig – faserige Aggregate, erdig (Blaueisenerde); vollkommene Spaltbarkeit. **Entstehung:** oberflächennah durch phosphatreiche Wässer. **Vorkommen:** in Phosphatpegmatiten, Oxidationszonen von Eisenlagerstätten, in fossilen Knochen und Zähnen (Versteinerungsmittel). **Fundorte:** Trepča (YU).

Dichte: 2,6–2,7 **Härte:** 2,0

Strichfarbe: weiß – hellblau ***Phosphat***

Apatit – Scopi, Schweiz. Kristallhöhe 1,8 cm. Sammlung Naturhistorisches Museum Basel.

Apatit

Chemische Formel: $Ca_5[(F, Cl, OH)/(PO_4)_3]$ **Farbe:** farblos, weiß, gelb, grün, blau, braun, violett; Glasglanz. **Kristallsystem:** hexagonal. **Form:** prismatisch, säulig, nadelig; wechselnd deutliche Spaltbarkeit. **Entstehung:** magmatisch, vulkanisch. **Vorkommen:** in Magmatiten, in Pegmatiten, in hydrothermalen Gängen, Metamorphiten, auf alpinen Klüften, in fossilen Knochenresten. **Fundorte:** Untersulzbachtal (A), St. Gotthard (CH), Ahrntal, Como (I).

Dichte: 3,12–3,22 **Härte:** 5,0

Strichfarbe: weiß ***Phosphat***

Erythrin – Schneeberg/Sachsen, Deutschland. Kristalle 1,5 cm, Sammlung Royal Scottish Museum, Edinburgh.

Kobaltblüte

Erythrin

Chemische Formel: $Co_3[AsO_4]_2 \cdot 8H_2O$
Farbe: pfirsichblütenrot, rot mit Stich ins Violette; Glas- bis Perlmuttglanz. **Kristallsystem:** monoklin. **Form:** nadelig, strahlig, blättrig-tafelige Aggregate, strahlige Büschel; vollkommene Spaltbarkeit. **Entstehung:** Verwitterung von Kobalterzen. **Vorkommen:** in Oxidationszonen von Lagerstätten, Leitmineral für Kobalterze. **Fundorte:** Valsugana (Trient, I).

Dichte: 3,07 **Härte:** 2,0

Strichfarbe: rosa ***Arsenat***

Talkkristalle (selten) – Luzenac/Ariege, Frankreich. Bildbreite 3,2 cm, Sammlung École de Mine, Paris.

Talk

Steatit, Speckstein

Chemische Formel: $Mg_3[(OH)_2/Si_4O_{10}]$
Farbe: weiß, grau, gelb, braun, grün; Perlmutt- bis Fettglanz. **Kristallsystem:** monoklin. **Form:** schuppig, blättrig, fühlt sich fettig an; vollkommene Spaltbarkeit. **Entstehung:** hydrothermal, Umwandlung von Serpentiniten, Metamorphose von Dolomiten und Olivin. **Vorkommen:** gesteinsbildend als Talkschiefer, in Phylliten, in Dolomitgesteinen. **Fundorte:** Zillertal (A), Hospental (CH), Val Malenco (I).

Dichte: 2,7–2,8 **Härte:** 1,0
Strichfarbe: weiß ***Silikat***

Pyrophyllit – Stubachtal/Salzburg, Österreich. Bildbreite 5 cm, Sammlung Naturhistorisches Museum Wien.

Pyrophyllit

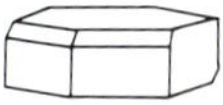

Chemische Formel: $Al_2[(OH)_2/Si_4O_{10}]$
Farbe: weiß, gelb, braun, grün; Perlmutt- bis Fettglanz. **Kristallsystem:** monoklin. **Form:** blättrig, strahlig, dicht, derb; fühlt sich fettig an; vollkommene Spaltbarkeit. **Entstehung:** hydrothermal, Umwandlung von Feldspäten. **Vorkommen:** in kristallinen Schiefern, mit Quarz und Glimmern in hydrothermalen Gängen, auf Erzgängen. **Fundorte:** in den Alpen, Wolfendorn, Südtirol (I).

Dichte: 2,8 **Härte:** 1,5

Strichfarbe: weiß ***Silikat***

Muskovit – Aheim, Norwegen. Durchmesser 1,5 cm, Sammlung Norwegisches Bergwerksmuseum, Kongsberg.

Muskovit

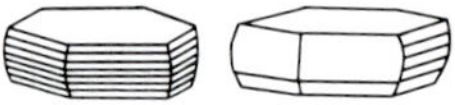

Katzensilber, Hellglimmer

Chemische Formel: $KAl_2[(OH, F)_2/AlSi_3O_{10}]$
Farbe: farblos, weiß, silbrig, grünlich; Perlmuttglanz. **Kristallsystem:** monoklin. **Form:** tafelig, blättrig, schuppig; äußerst vollkommene Spaltbarkeit. **Entstehung:** magmatisch, metamorph, sekundär durch Umwandlung von Feldspäten. **Vorkommen:** Gemengteil in Magmatiten, Metamorphiten und Pegmatiten, umgelagert in Sedimenten. **Fundorte:** Zillertal, Wolfsberg, Koralpe (A), St. Gotthard (CH).

Dichte: 2,78–2,88 **Härte:** 2,0–2,5

Strichfarbe: weiß ***Silikat***

Biotit – Monzoni, Italien. Kristallhöhe 1,5 cm, Sammlung Verant.

Biotit

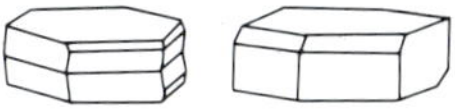

Dunkelglimmer, Katzengold

Chemische Formel: $K(Mg, Fe, Mn)_3[(OH, F)_2(Al,Fe)Si_3O_{10}]$ **Farbe:** dunkelbraun, dunkelgrün, schwarz, rötlich; goldglänzende Blättchen; Perlmuttglanz. **Kristallsystem:** monoklin. **Form:** biegsame Blättchen mit hexagonalem Umriß; höchst vollkommene Spaltbarkeit. **Entstehung:** magmatisch, metamorph, pegmatitisch. **Vorkommen:** Hauptgemengteil in vielen kristallinen Gesteinen, umgelagert in Sedimenten. **Fundorte:** weit verbreitet.

Dichte: 2,8–3,2 **Härte:** 7,5–8,0

Strichfarbe: weiß ***Silikat***

Disthen — Hamary, Norwegen. Kristallänge bis 4 cm, Sammlung Garmo.

Disthen

Cyanit

Chemische Formel: $Al_2[O/SiO_4]$
Farbe: blau, bläulich, grau, weißlich, farblos; Glasglanz. **Kristallsystem:** triklin. **Form:** stengelig, strahlig, häufig Zwillinge; vollkommene Spaltbarkeit. **Entstehung:** bei der Regionalmetamorphose Al-reicher Gesteine. **Vorkommen:** in metamorphen Gesteinen (Gneisen, Glimmerschiefern), Leitmineral für den Metamorphosegrad. **Fundorte:** Pfitschtal, Passeiertal (I), Zillertal, Radenthein (A).

Dichte: 3,5—3,7
Härte: längs 4,5; quer 6,0—7,0
Strichfarbe: weiß
Silikat

Natrolith – Arensberg, Zilsdorf/Eifel, Deutschland. Bildbreite 2,5 cm, Sammlung Ternes.

Natrolith

Chemische Formel: $Na_2[Al_2Si_3O_{10}] \cdot 2H_2O$
Farbe: farblos, weiß, gelblich; Glasglanz. **Kristallsystem:** orthorhombisch. **Form:** prismatisch, nadelig, faserig, auch faserige Krusten und radialstrahlige Aggregate; vollkommene Spaltbarkeit, jedoch nicht erkennbar. **Entstehung:** hydrothermal. **Vorkommen:** in vulkanischen Gesteinen, Hohlräumen von Basalten, hydrothermalen Gängen. **Fundorte:** Fassatal, Dolomiten, Fino – Trient (I).

Dichte: 2,2–2,4 **Härte:** 5,0–5,5

Strichfarbe: weiß ***Silikat***

Hornblende – Nickenich/Eifel, Deutschland. Nadellängen ca. 1,5 cm, Sammlung Bode.

Hornblende

Amphibol

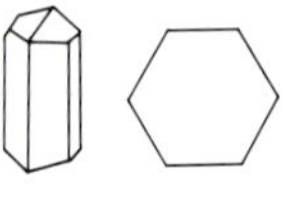

Chemische Formel: $(Ca, Na, K)_{2-3}(Mg, Fe, Al)_5[(OH, F)_2/(Si, Al)_2Si_6O_{22}]$

Farbe: dunkelgrün, schwarz; Glasglanz. **Kristallsystem:** monoklin. **Form:** prismatisch, oft garbenartig angeordnet; vollkommene Spaltbarkeit. Spaltflächenwinkel 124°. **Entstehung:** magmatisch, metamorph. **Vorkommen:** Magmatite, Vulkanite, metamorphe Gesteine (Hornblendegarbenschiefer), auf deren Klüften, in Gneisen. **Fundorte:** Saualpe (A).

Dichte: 2,9–3,4 **Härte:** 5,0–6,0

Strichfarbe: graugrün – graubraun ***Silikat***

Titanit – Stubachtal/Pinzgau, Österreich. Kristallhöhe 1,9 cm, Sammlung Nowak.

Titanit

Sphen

Chemische Formel: $CaTi[O/SiO_4]$
Farbe: farblos, gelb, grün, rot, braun, schwarzbraun; Harz- bis Diamantglanz. **Kristallsystem:** monoklin. **Form:** keilförmig, kurzprismatisch, tafelig, Durchkreuzungszwillinge, typisch briefkuvertförmig; gute Spaltbarkeit. **Entstehung:** magmatisch, metamorph. **Vorkommen:** in Pegmatiten, Marmoren, auf alpinen Klüften, in Seifen. Titanerz! **Fundorte:** Binntal, St. Gotthard (CH), Zillertal, Felbertal (A).

Dichte: 3,4–3,6 **Härte:** 5,0–5,5

Strichfarbe: weiß, leicht bläulich ***Silikat***

Aktinolith — Harstigen, Schweden. Kristallhöhe 0,3 cm, Sammlung Uppsala, Schweden.

Aktinolith

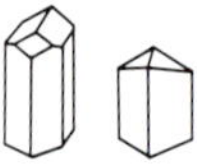

Strahlstein

Chemische Formel: $(Ca, Fe)_2(Mg, Fe)_5[OH/Si_4O_{11}]_2$ **Farbe:** dunkel- bis hellgrün; Glasglanz. **Kristallsystem:** monoklin. **Form:** stengelig, nadelig, strahlig, faserig; vollkommene Spaltbarkeit. Spaltwinkel 120–124°. **Entstehung:** regionalmetamorph, Umwandlung von Pyroxenen. **Vorkommen:** gesteinsbildend, in Amphiboliten, Eklogiten, Chloritschiefern; Kontaktmineral, auf alpinen Klüften. **Fundorte:** Zillertal, Tauern (A), Val Malenco (I), Graubünden (CH).

Dichte: 2,9–3,1 **Härte:** 5,5–6,0

Strichfarbe: grünlich ***Silikat***

Analcim – Seiser Alm/Südtirol, Italien. Durchmesser 5,5 cm, Sammlung Naturhistorisches Museum Wien.

Analcim

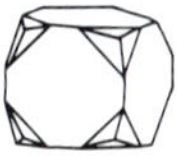

Chemische Formel: $Na[AlSi_2O_6] \cdot H_2O$
Farbe: farblos, weiß, rosa, gelb, orange, rötlich; Glasglanz. **Kristallsystem:** kubisch. **Form:** fast ideale Kristallform (Ikositetraeder); undeutliche Spaltbarkeit. **Entstehung:** hydrothermal in Hohlräumen von magmatischen und vulkanischen Gesteinen, in Laven als Umwandlung von Nephelin. **Vorkommen:** in Blasenhohlräumen (Drusen) vulkanischer Gesteine, in Erzgängen. **Fundorte:** Fassatal, Seiser Alm (I).

Dichte: 2,2–2,3 **Härte:** 5,5

Strichfarbe: weiß ***Silikat***

Leucit – Vesuv/Neapel, Italien. Durchmesser 2,5 cm, Sammlung Naturhistorisches Museum Wien.

Leucit

Chemische Formel: $K[AlSi_2O_6]$
Farbe: farblos, weiß, grau; Glasglanz. **Kristallsystem:** kubisch und tetragonal. **Form:** ikositetraedrisch; keine Spaltbarkeit. **Entstehung:** immer in dunklen Ergußgesteinen. **Vorkommen:** in dunklen Ergußgesteinen, in Laven (Leucitbasalt). **Fundorte:** Vesuv, Albaner Berge (I).

Dichte: 2,5 **Härte:** 5,5–6,0
Strichfarbe: weiß ***Silikat***

Epidot mit Byssolith – Obersulzbachtal/Pinzgau, Salzburg, Österreich. Länge der Kristalle 2,8 cm, Sammlung Gartner.

Epidot

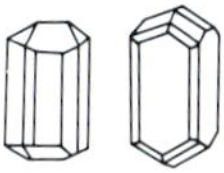

Pistazit

Chemische Formel: $Ca_2(Fe, Al)Al_2[O/OH/SiO_4/Si_2O_7]$ **Farbe:** gelb – dunkelgrün, schwarzgrün, gelbgrau; Glasglanz. **Kristallsystem:** monoklin. **Form:** prismatisch, säulig, faserig, derb; vollkommene Spaltbarkeit. **Entstehung:** metamorph, hydrothermal, Umwandlung Ca-Al-reicher Silikate. **Vorkommen:** in Metamorphiten (Epidotschiefer), Hohlräumen von Pegmatiten, alpinen Klüften. **Fundorte:** Knappenwand-Untersulzbachtal (A), Fassatal, Val Malenco (I).

Dichte: 3,3–3,5 **Härte:** 6,0–7,0

Strichfarbe: grau ***Silikat***

Augit (Zwilling) – Celsa Via Flaminia, Italien. Kristallhöhe 1,2 cm, Sammlung „La Sapienza", Rom.

Augit

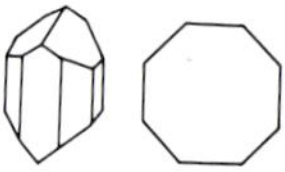

Chemische Formel: $(Ca, Mg, Fe)_2[(Si, Al)_2O_6]$ **Farbe:** dunkelgrau, schwarz; Glasglanz. **Kristallsystem:** monoklin. **Form:** prismatisch, nadelig, strahlig, derb; deutliche Spaltbarkeit, Spaltwinkel 87°. **Entstehung:** kontakt- und regionalmetamorph, hydrothermal. **Vorkommen:** in Magmatiten, Vulkaniten, kristallinen Schiefern, auf alpinen Klüften, in Marmoren. **Fundorte:** Zillertal, Großvenediger (A), Zermatt (CH), Fassatal, Val d'Ala (I).

Dichte: 3,3–3,5 **Härte:** 6,0

Strichfarbe: grünlich ***Silikat***

Orthoklas – San Piero/Elba, Italien. Kristallhöhe 3,5 cm, Sammlung Museo Civico di Storia Naturale Milano.

Orthoklas

Kalifeldspat

Chemische Formel: $K[AlSi_3O_8]$
Farbe: farblos, weiß, gelbgrün, fleischrot, blau, grau; Glasglanz. **Kristallsystem:** monoklin. **Form:** prismatisch, säulig, tafelig, Karlsbader Zwillinge; vollkommene Spaltbarkeit. **Entstehung:** Kristalle aus Schmelzen. **Vorkommen:** in Pegmatiten, Magmatiten, Metamorphiten, umgelagert in Sedimenten (Sandsteinen). **Fundorte:** Zillertal (A), Pfitschtal (I), Binntal (CH).

Dichte: 2,53–2,56 **Härte:** 6,0

Strichfarbe: weiß ***Silikat***

Sillimanit – Lisenz/Tirol, Österreich. Breite 9 cm, Sammlung Naturhistorisches Museum Wien.

Sillimanit

Chemische Formel: $Al_2[O/SiO_4]$
Farbe: farblos, weiß, gelblich-grau; Glasglanz. **Kristallsystem:** orthorhombisch. **Form:** nadelig, faserig; vollkommene Spaltbarkeit. **Entstehung:** bei der Metamorphose Al-reicher Gesteine. **Vorkommen:** in Metamorphiten wie Gneisen, Glimmerschiefern, Eklogiten, Granuliten und Pegmatiten. Leitmineral des Metamorphosegrades. **Fundorte:** Fassatal (I), Sellrain (A).

Dichte: 3,2 **Härte:** 6,0–7,0

Strichfarbe: weiß ***Silikat***

Albit – Dumbartonshire, Schottland. Kristallhöhe 2,5 cm, Sammlung Edinburgh.

Albit

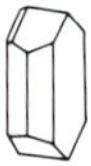

Natronfeldspat, Periklin

Chemische Formel: $Na[AlSi_3O_8]$
Farbe: farblos, grünlich, rötlich, grau, weiß; Glasglanz. **Kristallsystem:** triklin. **Form:** prismatisch, tafelig, Zwillinge; vollkommene Spaltbarkeit. **Entstehung:** magmatisch, vulkanisch, hydrothermal. **Vorkommen:** in sauren Magmatiten und Vulkaniten, in metamorphen Gesteinen, Pegmatiten, auf alpinen Klüften. **Fundorte:** Rauris, Zillertal, Saalfelden (A), Graubünden, Binntal (CH).

Dichte: 2,61–2,77
Härte: 6,0–6,5
Strichfarbe: weiß
Silikat

Andalusit – Loibis-Alm, Pitztal/Tirol, Österreich. Kristallhöhen bis 5,5 cm, Sammlung Naturhistorisches Museum Wien.

Andalusit

Chiastolith

Chemische Formel: $Al_2[O/SiO_4]$
Farbe: grau, gelblich, rötlich, grün, selten violett; Glasglanz, meist trüb. **Kristallsystem:** orthorhombisch. **Form:** dicksäulig, stengelig, strahlig; undeutliche Spaltbarkeit. **Entstehung:** kontakt- und regionalmetamorph. **Vorkommen:** in Gneisen, Glimmerschiefern und Pegmatiten. Kristallwachstum in Tonschiefern führt zu kreuzförmigen Einschlüssen (Chiastolith). **Fundorte:** Stubaital (A).

Dichte: 3,1–3,2 **Härte:** 6,0–7,5

Strichfarbe: weiß ***Silikat***

Adular – Habachtal/Pinzgau, Österreich. Länge 5 cm, Sammlung Naturhistorisches Museum Wien.

Adular

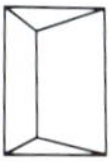

Kalifeldspat

Chemische Formel: $K[AlSi_3O_8]$
Farbe: farblos, weiß, gelblich, rot, smaragdgrün; Glasglanz. **Kristallsystem:** monoklin. **Form:** kurzprismatisch, pseudorhombisch, Zwillinge; vollkommene Spaltbarkeit. **Entstehung:** magmatisch, hydrothermal. **Vorkommen:** alpine Klüfte, hydrothermale Gänge. **Fundorte:** Habachtal, Zillertal (A), Wallis, Maderanertal (Uri), Lukmanier (Graubünden) (CH), Pfitschtal (I).

Dichte: 2,53–2,56 **Härte:** 6,0
Strichfarbe: weiß ***Silikat***

Fassait – Monzoni/Südtirol, Italien. Höhe bis 1,9 cm, Sammlung Verant.

Fassait

Chemische Formel: Ca(Mg, Fe, Al)[(Si, $Al)_2O_6$] Aluminiumreicher und eisenarmer Augit.
Farbe: grün, hellgrün; Glasglanz. **Kristallsystem:** monoklin. **Form:** kurzprismatisch; gute Spaltbarkeit. **Entstehung:** kontaktmetamorph, hochtemperiert. **Vorkommen:** in kontaktmetamorphen Gesteinen, besonders in Kalken, in vulkanischen Auswürflingen. **Fundorte:** Monzoni – Fassatal, Adamello (I).

Dichte: 2,9–3,3 **Härte:** 6,0

Strichfarbe: grünlich ***Silikat***

Olivin – Stubachtal/Pinzgau, Österreich. Durchmesser 2,5 cm, Sammlung Hadlauer.

Olivin

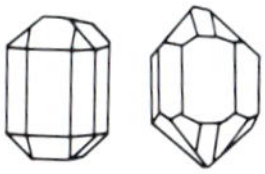

Chemische Formel: $(Mg, Fe)_2[SiO_4]$, Mg-Fe-Mischkristalle. **Farbe:** gelblich-grün bis flaschengrün, bräunlich; Glasglanz. **Kristallsystem:** orthorhombisch. **Form:** prismatisch bis tafelig, derb; erkennbare Spaltbarkeit. **Entstehung:** Erstausscheidung aus Si-reichen Schmelzen, metamorph in Si-reichen Dolomiten. **Vorkommen:** Vulkanite und Magmatite, Dolomitmarmore, in Seifen. **Fundorte:** Varese (I), Rifflkees, Stubachtal, Vulkanite der Steiermark (A).

Dichte: 3,3

Strichfarbe: weiß

Härte: 6,5–7,0

Silikat

Vesuvian – Rotenkopf, Zillertal/Tirol, Österreich. Kristallängen bis 1,5 cm, Sammlung Naturhistorisches Museum Wien.

Vesuvian

Idokras

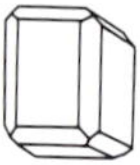

Chemische Formel: $Ca_{10}(Mg, Fe)_2Al_4[(OH)_4/(SiO_4)_5/(Si_2O_7)_2]$ **Farbe:** braun, grün, gelb; Glas- bis Fettglanz. **Kristallsystem:** tetragonal. **Form:** kurzprismatisch, säulig, dichte Streifung in Längsrichtung, auch dicht, körnig; undeutliche Spaltbarkeit. **Entstehung:** kontaktmetamorph in Kalken, metasomatisch. **Vorkommen:** in Marmoren, auf alpinen Klüften. **Fundorte:** Predazzo-Monzoni, Val Malenco (I), Zermatt-Wallis (CH).

Dichte: 3,27–3,45

Härte: 6,5

Strichfarbe: weiß

Silikat

Almandin – Dognaczka, Rumänien. Durchmesser 2 cm, Sammlung Naturhistorisches Museum Wien.

Granat

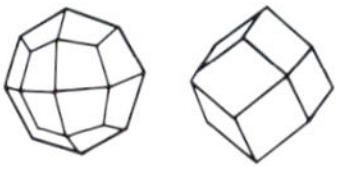

Almandin

Chemische Formel: $Fe_3Al_2[SiO_4]_3$
Farbe: blutrot, rotbraun, braun; Glasglanz. **Kristallsystem:** kubisch. **Form:** Rhombendodekaeder, Ikositetraeder; kaum sichtbare Spaltbarkeit. **Entstehung:** magmatisch, metamorph. **Vorkommen:** in Gneisen, Glimmerschiefern, Granuliten, selten in Pegmatiten. **Fundorte:** Zillertal, Stubaital, Ötztal, Timmelsjoch (A), Olgiasca – Comosee, Val Codera – Sondrio (I).

Dichte: 3,59 **Härte:** 6,5–7,5

Strichfarbe: weiß ***Silikat***

Hessonit – Quebec, Kanada. Durchmesser 0,8 cm, Sammlung Fricke.

Granat

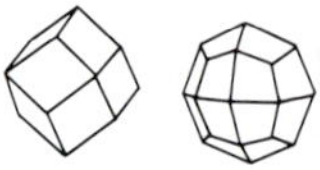

Hessonit, Grossular

Chemische Formel: $Ca_3Al_2[SiO_4]_3$
Farbe: farblos, grün, bernsteinartig, orange (Fe-Gehalt); Glasglanz. **Kristallsystem:** kubisch. **Form:** Rhombendodekaeder, Ikositetraeder; unvollkommene Spaltbarkeit. **Entstehung:** kontaktmetamorphe Umwandlung mergelig-kalkiger Gesteine. **Vorkommen:** in Kontaktmarmoren, auf Klüften von Serpentiniten, seltener in metamorphen Grüngesteinen. **Fundorte:** Fassatal, Val d'Ala, Aostatal, Sangonetal (I).

Dichte: 3,59 | **Härte:** 6,5–7,5

Strichfarbe: weiß | ***Silikat***

Cordierit – Ettringen/Eifel, Deutschland. Bildbreite 1,3 cm, Sammlung Ternes.

Cordierit

Dichroit

Chemische Formel: $Mg_2Al_3[AlSi_5O_{18}]$
Farbe: grau, blau, violett, grünlich-gelb; Pleochroismus; Glas- bis Fettglanz. **Kristallsystem:** orthorhombisch. **Form:** prismatisch; undeutliche Spaltbarkeit. Durch Umwandlung in Chlorit, Glimmer oder Talk oft undurchsichtig. **Entstehung:** metamorph, aus Mg- und Al-reichen Sedimenten. **Vorkommen:** in Gneisen, Kontaktgesteinen und metamorphen Erzvorkommen. **Fundorte:** Bayerischer Wald – Bodenmais (D).

Dichte: 2,6 **Härte:** 7,0–7,5

Strichfarbe: weiß ***Silikat***

Smaragd – Habachtal/Pinzgau, Österreich. Bildbreite 10 cm, Sammlung Steiner.

Smaragd

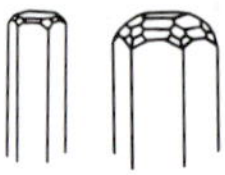

Chemische Formel: $Al_2Be_3[Si_6O_{18}]$
Grüne Farbvarietät des Beryll.
Farbe: grün; Glasglanz. **Kristallsystem:** hexagonal. **Form:** prismatisch, selten tafelig oder derb; undeutliche Spaltbarkeit. **Entstehung:** pegmatitisch, hydrothermal. **Vorkommen:** in Graniten, Pegmatiten, in Metamorphiten (Glimmerschiefern), selten in Drusen. Widerstandsfähig, in Seifen. **Fundorte:** Habachtal (A), Domodossola (I), Bergell (CH).

Dichte: 2,63–2,8 **Härte:** 7,5–8,0

Strichfarbe: weiß ***Silikat***

Beryll – St. Ilario/Elba, Italien. Kristallhöhe 2,5 cm, Sammlung Museo „La Sapienza", Rom.

Beryll

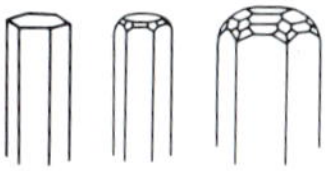

Aquamarin

Chemische Formel: $Al_2Be_3[Si_6O_{18}]$
Farbe: farblos, gelb, rosa, rot, blau (Aquamarin), grün (Smaragd), bunt; Glasglanz. **Kristallsystem:** hexagonal. **Form:** prismatisch, selten tafelig; undeutliche Spaltbarkeit. **Entstehung:** pegmatitisch, hydrothermal aus Restlösungen von magmatischen Gesteinen. **Vorkommen:** in Pegmatiten, Graniten, Glimmerschiefern, in Gängen. Wichtiges Berylliumerz! **Fundorte:** Habachtal (A), Bergell (CH).

Dichte: 2,63–2,8 **Härte:** 7,5–8,0

Strichfarbe: weiß ***Silikat***

Turmalin — Grotta di Oggi, San Piero/Elba, Italien. Kristallhöhe 2 cm, Sammlung Museo di Mineralogia Firenze (Florenz).

Turmalin

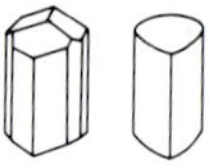

Chemische Formel: $Na(FeMn)_3Al_6[(OH, F)_4(BO_3)_3/Si_6O_{18}]$ **Farbe:** farblos, grün, gelb, rosa, rot, blau, braun, schwarz, wechselndes Farbenspiel; Glasglanz. **Kristallsystem:** trigonal. **Form:** dreieckig-prismatisch, nadelig, in Längsrichtung gestreift; keine Spaltbarkeit. **Entstehung:** magmatisch, metamorph, hydrothermal. **Vorkommen:** in hellen Pegmatiten typisch, in Metamorphiten, auf alpinen Klüften. **Fundorte:** Pfitschtal (I), Campolungo-Tessin (CH), Rauris (A).

Dichte: 3,0—3,25 **Härte:** 7,0

Strichfarbe: weiß ***Silikat***

Topas – Alabschka/Ural, Sowjetunion. Kristallhöhe 2,6 cm; r. o. Schneckenstein/Sachsen (D), Sammlung Naturhistorisches Museum Wien.

Topas

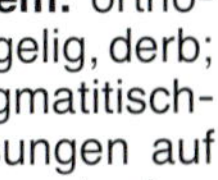

Chemische Formel: $Al_2[(F, OH)_2/SiO_4]$
Farbe: farblos, weiß, gelb, blau, grün, violett; verändert die Farbe durch Erhitzen; Glasglanz. **Kristallsystem:** orthorhombisch. **Form:** prismatisch, langsäulig, stengelig, derb; vollkommene Spaltbarkeit. **Entstehung:** pegmatitisch-pneumatolytisch, Einwirkung fluorhaltiger Lösungen auf das Nebengestein. **Vorkommen:** in Pegmatiten, hydrothermalen Gängen, Seifen. **Fundorte:** Cuasso al Monte (I).

Dichte: 3,5–3,6 **Härte:** 8,0

Strichfarbe: weiß ***Silikat***

Register der Mineralnamen

NATUR

SEHEN & VERSTEHEN

Ihr handliches Begleitbuch
zum Beobachten
und Bestimmen

KOMPASS-Naturführer

1500 Natur-KOMPASS
1100 Alpenblumen
1101 Alpentiere
1102 Wiesenblumen
1103 Pilze
1104 Singvögel
1105 Heilpflanzen
1106 Mineralien
1107 Haustiere-Heimtiere
1108 Küstenvögel
1109 Schmetterlinge